TIBURONES NODRIZA

Julie K. Lundgren
Traducción de Sophia Barba-Heredia

Un libro de El Semillero de Crabtree

ÍNDICE

Apoyos de la escuela a los hogares para cuidadores y maestros

Este libro ayuda a los niños en su desarrollo al permitirles practicar la lectura. Abajo están algunas preguntas guía para ayudar al lector a fortalecer sus habilidades de comprensión. En rojo hay algunas opciones de respuesta.

Antes de leer:

- ¿De qué pienso que tratará este libro?
    - *Pienso que este libro es sobre tiburones nodriza.*
    - *Pienso que este libro es sobre lo gentiles y atentos que son.*

- ¿Qué quiero aprender sobre este tema?
    - *Quiero aprender sobre los hábitats de los tiburones nodriza.*
    - *Quiero aprender dónde viven los tiburones nodriza.*

Durante la lectura:

- Me pregunto por qué...
    - *Me pregunto por qué son llamados tiburones nodriza.*
    - *Me pregunto por qué los tiburones nodriza descansan durante el día.*

- ¿Qué he aprendido hasta ahora?
    - *Aprendí que los tiburones nodriza se esconden debajo de los arrecifes.*
    - *Aprendí que cazan durante la noche.*

Después de la lectura:

- ¿Qué detalles aprendí de este tema?
    - *Aprendí que los tiburones nodriza pueden descansar, pero los tiburones blancos no, porque deben nadar para respirar.*
    - *Aprendí que los tiburones nodriza aspiran peces, camarones y calamares.*

- Lee el libro de nuevo y busca las palabras del glosario.
    - *Veo la palabra **arrecife** en la página 3 y la palabra **barbos** en la página 16. Las demás palabras del vocabulario están en las páginas 22 y 23.*

TIBURONES NODRIZA

¿Qué se esconde bajo el **arrecife**?

¡Tiburones nodriza!
Durante el día descansan.

Otros tiburones no pueden descansar. Deben nadar para respirar.

DESDE LOS ARCHIVOS

El tiburón mako y el tiburón blanco no pueden descansar.

En la noche, los tiburones nodriza cazan.

No persiguen a su **presa**.

En cambio, vagan lentamente por el suelo marino.

Succionan peces, camarones y calamares.

calamar

DESDE LOS ARCHIVOS

También mascan langostas.

Sus **barbos** les ayudan a encontrar presas a través del tacto.

barbos

DESDE LOS ARCHIVOS

El pez gato usa los barbos de la misma manera.

Los **buzos** los ven con más frecuencia que a otros tiburones.

DESDE LOS ARCHIVOS

¡Podrías ver uno en un **acuario**!

Son gentiles, pero
¡no los acaricies!

DESDE LOS ARCHIVOS

¡Tienen un montón de **dientes** filosos!

GLOSARIO

acuario: Un acuario es un lugar que las personas pueden visitar para ver peces y otros animales acuáticos.

arrecife: Un arrecife es una cadena montañosa debajo de aguas no muy profundas donde viven muchos animales marinos.

barbos: Los barbos son unos órganos largos y suaves que están en la cara de los tiburones nodriza. Les ayudan a encontrar la comida al tocarla.

buzos: Los buzos son las personas que usan un equipo para respirar debajo del agua.

dientes: Los dientes son las partes blancas y huesudas dentro de la boca, son usadas para morder y masticar.

presa: Presa es cualquier animal que es cazado y comido por otro animal.

Índice analítico

Acerca de la autora

Julie K. Lundgren

Julie K. Lundgren creció cerca del Lago Superior, donde se divertía jugando en el bosque, recogiendo moras y expandiendo su colección d rocas. Sus intereses la llevaron a hacer una carr en Biología. Vive en Minnesota con su familia.

Sitios web (páginas en inglés):

https://aqua.org/explore/animals/nurse-shark

www.montereybayaquarium.org/animals/animals-a-to-z/sharks

Written by: Julie K. Lundgren
Designed by: Jennifer Dydyk
Edited by: Kelli Hicks
Proofreader: Melissa Boyce
Translation to Spanish: Sophia Barba-Heredia
Spanish-language layout and proofread: Base Tres
Print and production coordinator: Katherine Berti

Photographs:
Shark illustration on cover logo © BATKA/Shutterstock; white shark illustration for "FROM THE FILES" © Dashikka/Shutterstock; Cover © Carlos Grillo/Shutterstock.com; page 3 © Richard Whitcombe/Shutterstock.com; page 5 © Carlos Aguilera/Shutterstock.com; page 7 great white © KDR In-Focus Productions/Shutterstock.com; mako © wildestanimal/ Shutterstock.com; page 9 © nicolas-voisin44/Shutterstock.com; page 11 © Eric Carlander/Shutterstock.com; page 13 © Keith Levit/Shutterstock.com; page 15 squid © George P Gross/Shutterstock.com, lobster © MIGUEL G. SAAVEDRA/Shutterstock.com; page 17 nurse shark © Yann hubert/Shutterstock.com, catfish © KT photo/Shutterstock.com; page 19 diver © Jag_cz/Shutterstock.com, aquarium © Evikka/Shutterstock.com; page 21 © frantisekhojdysz/Shutterstock.com

Library and Archives Canada Cataloguing in Publication
Title: Tiburones nodriza / Julie K. Lundgren ; traducción de Sophia Barba-Heredia.
Other titles: Nurse sharks. Spanish
Names: Lundgren, Julie K., author. | Barba-Heredia, Sophia, translator.
Description: Series statement: Los archivos del tiburón | Translation of: Nurse sharks. | Includes index. | "Un libro de el semillero de Crabtree". | Text in Spanish.
Identifiers: Canadiana (print) 20210258527 | Canadiana (ebook) 20210258535 | ISBN 9781039621183 (hardcover) | ISBN 9781039621244 (softcover) | ISBN 9781039621305 (HTML) | ISBN 9781039621367 (EPUB) | ISBN 9781039621428 (read-along ebook)
Subjects: LCSH: Nurse shark—Juvenile literature.
Classification: LCC QL638.95.G55 L8618 2022 | DDC j597.3/3—dc23

Library of Congress Cataloging-in-Publication Data
Names: Lundgren, Julie K., author.
Title: Tiburones nodriza / Julie K. Lundgren ; traducción de Sophia Barba-Heredia.
Other titles: Nurse sharks. Spanish
Description: New York : Crabtree Publishing, [2022] | Series: Los archivos del tiburón - un libro el semillero de Crabtree | Includes index.
Identifiers: LCCN 2021031732 (print) | LCCN 2021031733 (ebook) | ISBN 9781039621183 (hardcover) | ISBN 9781039621244 (paperback) | ISBN 9781039621305 (ebook) | ISBN 9781039621367 (epub) | ISBN 9781039621428
Subjects: LCSH: Nurse shark--Juvenile literature.
Classification: LCC QL638.95.G55 L8618 2022 (print) | LCC QL638.95.G55 (ebook) | DDC 597.3/3--dc23
LC record available at https://lccn.loc.gov/2021031732
LC ebook record available at https://lccn.loc.gov/2021031733

Crabtree Publishing Company
www.crabtreebooks.com 1-800-387-7650

In Canada: We acknowledge the financial support of the Government of Canada through the Canada Book Fund for our publishing activities.

Published in the United States
Crabtree Publishing
347 Fifth Avenue
Suite 1402-145
New York, NY, 10016

Published in Canada
Crabtree Publishing
616 Welland Ave.
St. Catharines, Ontario
L2M 5V6

Printed in the U.S.A./092021/CG20210616